EU Nitrogen
Expert Panel

氮素利用效率

农场氮素利用效率测评指南

欧盟氮素专家组◎编著
王　磊◎编译

中国农业科学技术出版社

图书在版编目（CIP）数据

氮素利用效率：农场氮素利用效率测评指南 / 欧盟氮素专家组编著；王磊编译. --北京：中国农业科学技术出版社，2022. 4

ISBN 978-7-5116-5571-4

Ⅰ. ①氮… Ⅱ. ①欧… ②王… Ⅲ. ①土壤氮素—肥料利用率—指南 Ⅳ. ①S153.6-62

中国版本图书馆CIP数据核字（2021）第 224100 号

责任编辑 穆玉红 李美琪
责任校对 李向荣
责任印制 姜义伟 王思文

出 版 者 中国农业科学技术出版社
北京市中关村南大街12号 邮编：100081
电 话 （010）82109707（编辑室） （010）82109702（发行部）
（010）82109709（读者服务部）
传 真 （010）82106626
网 址 http:// www.castp.cn
经 销 者 各地新华书店
印 刷 者 北京地大彩印有限公司
开 本 148 mm × 210 mm 1/32
印 张 2.625
字 数 55千字
版 次 2022年4月第1版 2022年4月第1次印刷
定 价 39.00元

氮素利用效率

农场氮素利用效率测评指南

Nitrogen Use Efficiency(NUE)

Guidance Document
for assessing NUE at farm level

欧盟氮素专家组发布
2016.11

秘 书 处：Wageningen University，Alterra，PO Box 47，NL-6700 Wageningen，Netherlands
网　　站：www.eunep.com
电子邮件：Oene.Oenema@wur.nl

推荐引文

EU Nitrogen Expert Panel（2016）Nitrogen Use Efficiency（NUE）—Guidance Document for assessing NUE at farm level. Wageningen University, Alterra, PO Box 47，NL-6700 Wageningen, Netherlands.

Nitrogen Use Efficiency (NUE)

Guidance Document for assessing NUE at farm level

Prepared by EU Nitrogen Expert Panel

Oenema O, Brentrup F, Lammel J, Bascou P, Billen G, Dobermann A, Erisman JW, Garnett T, Genovese G, Haniotis T, Hillier J, Hoxha A, Lassaletta L, Jensen LS, Olazabal C, Oleszek W, Pallière C, Powlson D, Quemada M, Schulman M, Sutton MA, Van Grinsven HJM, Vis JK, Winiwarter W.

欧盟氮素专家组简介

欧洲肥料联盟（Fertilizer Europe）邀请来自欧洲的科学、政策、工业和农业界的专家学者成立了欧盟氮素专家组。专家组的总体目标是帮助改善欧洲食物体系中的氮素利用率，主要途径：①提出改善欧洲农业和食物系统中氮素利用效率的愿景和对策；②提出新思路和有效的建议与解决方案；③仲裁争议性问题；④与权威部门就氮素问题进行沟通。

该小组于2014年9月15—16日在英国温莎进行了首次集会，会议商定将氮素利用率（NUE）作为农业生产指标。本手册所提出的测评农场氮素利用效率的方法于2016年6月8—9日在德国法兰克福举行的第四次会议上经欧盟氮素专家组讨论，并于2016年6月24—25日在西班牙马德里举行的第五次会议上达成一致，批准实施。

目　录

摘 要

氮（N）是生命必不可少的主要营养元素。它在粮食、饲料和纤维生产中的需要量相对较多，是叶绿素的必需元素，也是植物、动物和人类中氨基酸（蛋白质）和核酸的基本元素。然而，过量的氮污染对我们的健康和环境是一个威胁。

欧盟氮素专家组的目标是促进粮食生产中氮素利用效率的提高。在这里他们提出了一个简便实用的“氮素利用效率”（NUE）指标，适用于农业用地、农场和整个粮食生产—消费系统。该指标基于质量平衡原理，即通过氮输入和氮输出数据进行计算：氮素利用效率（NUE）=氮输出/氮输入。氮素利用效率（NUE）必须和与之相关的生产率（氮输出）和氮盈余（即氮输入和收获时氮输出之间的差值）一同被解释。氮素利用效率（NUE）指标很容易通过输入+输出图表达，这也使得氮素利用效率（NUE）、氮输出、氮盈余以及可能的参考值或目标值以清晰易懂的可视化方式呈现（见图）。

本手册的目的是对农场的氮素利用效率（NUE）、氮输出和氮盈余作出估算和评价，为相关人员开展这一工作所需要的程序和数据做出描述。为了估算氮素利用效率（NUE）并评价其结果，需要的数据和信息包括：①农场氮素的总投入和从农场农产品中输出的氮素总和；②系统的特征（如农场、种植系统、养殖系统）及其边界；③分析的时间跨度；④系统中氮储量的可能变化。

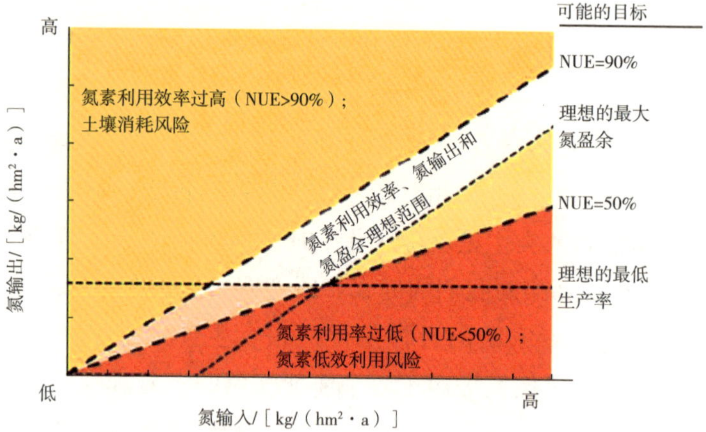

图　氮素利用效率（NUE）指标框架

注：图中显示的数字说明了一个示例系统，并将根据背景（土壤、气候、作物、耕作系统）变化而异。对角楔形区域代表了氮素利用效率期望值在50%～90%的范围：较低的值会加剧氮污染，较高的值会因土壤碳消耗而导致土壤氮储量的消耗风险。水平线表示种植系统所需的最低生产率水平。附加对角线（短虚线）表示最大氮盈余限制，以避免实质性氮损失造成的污染。这个组合标准用于确定最理想的结果范围（白色区域）。

1 引　言

氮（N）是生命必不可少的，在粮食生产中起着关键作用。氮与水一样，是世界上最大的作物产量限制因子（Mueller等，2012）。这就是为什么农民在农田中施用动物粪肥、堆肥和矿质氮肥的原因。他们还种植固氮作物，如菜豆、豌豆和三叶草，或在农林复合系统中种植固氮树种。

随着氮素投入的增加，氮肥施用过剩的风险增加，并且通过损失途径进入地下水、地表水和大气的风险增加，这对生物多样性、生态系统的正常运转和人类健康都是有害的。氮素可能会在绿叶作物和土壤中积累并且达到毒害水平。此外，人工合成固定态氮的成本巨大。因此，氮素管理十分重要。氮素管理旨在同时实现农学目标（农场收入、作物和动物的高生产力）和环境目标（最低氮素损失）双赢。但是，氮素管理并不容易，因为氮素循环复杂且易于从农场损失进入环境中。

指标在指导管理决策方面可以发挥关键作用。氮素利用效率（NUE）可被视为农业的关键指标，但目前尚没有统一、可靠的方法和说明对其进行使用与评价。EUNEP（2015）中介绍了使用氮素利用效率（NUE）作为管理指标的优点。欧盟氮素专家组提出了一个简便实用的“氮素利用效率”（NUE）指标，适用于农业用地、农场和整个粮食生产—消费系统（欧盟氮素专家组，2015）。该指标基于质量平衡原理，即使用氮输入和氮输出数据进行计算：氮素利用效率=氮输出/氮输入。氮素利用效率必须要和与之相关的生产率（氮输出）和氮盈余（即氮输入和收获时氮输出之间的差值）联系在一起解释。

本手册的目的是针对农场的氮素利用效率（NUE）、氮输出和氮盈余的估算和评价，为相关人员开展这一工作所需要的程序和数据做出描述。农场是优化资源使用效率（包括氮素）的基本管理单元，它涵盖了作物系统（作物轮作）、作物—动物混合生产系统以及专业化的动物生产系统。这就是为什么农场是农业中估算氮素利用效率（NUE）的基本单元。对大田氮素利用效率（NUE）的估算同样有效，特别是针对具体作物时，但此分析可能会低估或高估氮素利用效率（NUE），因为其忽略了作物轮作的效应。

为了估算氮素利用效率（NUE）并评估结果，需要的数据和信息包括：①农场的特征（如农场类型、作物轮作系统、永久种植系统、养殖农场）及其边界；②农场氮素的总投入和从农场农产品中输出的氮素的总和；③分析的时间跨度；④农场中氮储量的可能变化。本书为此提供了技术信息，它允许相关人员（农场主、推广服务部门、会计师、工业部门）以统一的方式估算氮素利用效率（NUE）、氮输入和氮盈余。研究结果还将有助于农场主将氮素使用绩效与其他农场主的氮素使用绩效进行比较，并制订相应的改进管理方案。

农场氮素利用效率（NUE）的估算学界已有相关研究。值得关注的是Oborn等（2003）、Schroder等（2003）、Powell

等（2003）、Aarts等（2013）和Dalgaard等（2012）的研究。但是，还没有通用的、经批准的协议和指导文件用于农场氮素利用效率（NUE）的统一估算。通常使用不同的估算程序，使得不同农场之间的结果比较变得困难。Aarts等（2013）为欧洲西北部奶牛场提供了评估和改进奶牛场绩效（包括氮素利用效率）的实用手册。Bittman等（2014）为联合国—欧洲经委会国家所有类型的农场氮平衡和氮素利用效率（NUE）做了总体概述，但尚未提供实用的指导文件。此外，经合组织/欧洲统计局（2012）印发了一份指导文件，用于在全国尺度上估算农业板块的氮平衡。EPNB-TFRN（2012）也出版了一份指导文件，用于估算整个社会所有主要部门的国家氮成本。

本手册用于测算和评估农场的氮素利用效率（NUE）是在上述有关农场氮素平衡报告基础上形成的。这意味着它是实际可操作的，并且已在一些欧盟成员国进行了实际测试，在未来几年可能会进一步更新。

2　氮素利用效率（NUE）如何定义和计算

农场氮素利用效率（NUE）定义为农场中氮的总输入和农产品氮的总输出之比值。

氮素利用效率（NUE）=（氮输出总和/氮输入总和）×100%（1）

氮输出［kg/（hm^2·a）］=从农场产生输出的总氮

氮输入［kg/（hm^2·a）］=农场投入资源和饲养的总氮

因此，氮素利用效率（NUE）是氮输出和氮输入的比率，氮素利用效率（NUE）随着农产品中氮输出的增加或氮输入的减少而增加。相反，当农产品中的氮输出相对较低或氮输入相对较高时，氮素利用效率（NUE）是低的。

许多输入输出组合是可能存在的，但理想的情况是通过农产品氮的高输出，并且有高的氮素利用效率（NUE）和低的氮盈余（氮输入和氮输出的差值，公式4）。仅报告氮素利用效率（NUE）是不够的，因为在高氮水平下即使氮素利用效率（NUE）高，高的氮盈余也可能存在。因此，为有一个正确的解释，氮素利用效率（NUE）应与氮盈余（作为氮损失到环境的测算指标）一起研究报告。另外，农产品氮输出（公式2）作为农场生产力和土地利用效率的指标，是解释氮素利用效率（NUE）的重要辅助变量。仅报告氮盈余和农场生产力也是不够的，因为它们的组合不能反映土壤肥力损失的风险，比如土壤消耗。因此，氮素利用效率（NUE）、氮盈余和氮输出的组合定义了组织良好的农场氮素管理的范围（图1）。

单位面积的氮输出（作物和动物产品）应根据所有农产品的总量估算，即等于一个生产年度农场农产品含氮总量除以农场面积。

氮输出［kg/（hm^2·a）］=［（农产品质量（kg）×农产品氮含量（%）］/［农场面积（hm^2）×年（a）］ （2）

同样，单位面积的氮输入是根据一个生产年度的氮输入量除以农场面积计算。

氮输入［kg/（hm^2·a）］=［输入品质量（kg）×输入品氮含量（%）］/［农场面积（hm^2）×年（a）］ （3）

对于作物生产系统，氮输出量应考虑从土地上移走的收获作物，包括水果、蔬菜和秸秆（如果秸秆或其他作物残留物从农场运走）。对于动物生产系统，氮输出可能是牛奶、肉类、鸡蛋、羊毛和动物。对于混合生产系统，包括从农场输出的所有作物和牲畜产品。氮输入包括购买的肥料、堆肥、饲料、种植材料和底料，以及大气沉降和豆科生物固氮。农产品质量和投入品质量可以从产量统计或农场的发货单中获得，收获物和采购产品中的氮含量可以通过分析（优先选项）或者查表附件1或者使用分级方法从农场统计和查表的组合中找到。每位农场主都应知道他所拥有的农场面积。

单位面积的氮盈余［kg/（hm^2·a）］计算为单位面积氮的输入总量和输出总量的差值。

氮盈余［kg/（hm^2·a）］=氮输入总量−氮输出总量　（4）

应注意收集关于农场氮库可能发生变化的信息，以及农场中临时储存的物品（如谷物、青贮饲料等）、肥料、粪便和动物中氮库可能发生的变化。

还应考虑土壤氮库的可能变化，因为在作物轮作改变之后土壤氮库变化可能相当明显（尽管这些变化不容易准确量化）。

氮素利用效率（NUE）受诸多考虑因素中时间跨度的影响。对于耕地农场来说，理想情况下最好应考虑整个作物轮作周期。对于动物生产系统，理想情况下需要考虑动物的整个寿命。如果作物轮作变化不大，喂养的畜群种类和数量也变化不大，那么氮素利用效率就可以按一年跨度来准确估算。最好的办法是，氮输入、氮输出、氮素利用效率和氮盈余的记录应在若干年内进行，以跟踪年度变化。

氮素利用效率（NUE）指标很容易通过输入＋输出图表达，这使得氮素利用效率（NUE）、氮输出、氮盈余以及可能的参考值或目标值可在一个图中显示（见图1）。

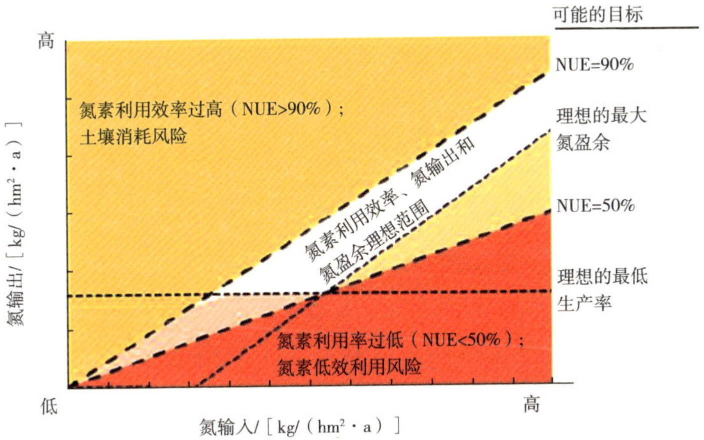

图1　氮素利用效率（NUE）指标框架

图1显示的数字对示例系统做了说明，并将根据背景（土壤、气候、作物、耕作系统）变化而异。对角楔形区域代表了氮素利用率期望值在50%～90%，较低的值会加剧氮污染，较高的值会因土壤碳消耗而导致土壤氮储量的消耗风险。水平线表示种植系统所需的最低生产率水平。附加对角线（短虚线）表示最大氮盈余限制，以避免实质性氮损失造成的污染。这个组合标准用于确定最理想的结果范围（白色区域）。

氮输入和氮输出的图可以使氮素利用效率（NUE）和氮盈余同时得到评估。它还可以同时显示氮输入、氮输出、氮盈余以及氮素利用效率（NUE）随时间的变化。此外，它还可以显示氮素利用效率（NUE）观测值与目标值或参考值的偏差。

图1显示了氮素利用效率（NUE）的3个区域，即NUE较低的区域、NUE“期望”范围的区域以及NUE较高的区域。3个

分区理由是，“过高”和“过低”的氮素利用效率（NUE）都是不可取的，尤其是在很长一段时间内。“过低”的氮素利用效率（NUE）表明资源利用率低，即环境氮损失过高；“过高”的氮素利用率效率（NUE）表明资源消耗大，即土壤氮耗竭。在某些时间段内，消耗肥沃土壤中的养分可被视为一种好的做法，因为这会带来高的资源利用率，并可能减少潜在的养分损失。

尽管良好的管理措施可以减少损失，但实际上由于土壤中持续的氮素转化过程（如反硝化作用）或由于过量水造成氮的淋溶，氮的损失是不可避免的。在图1的种植系统示例中，我们设定了氮素利用效率（NUE）的上限目标值为90%，下限目标值为50%，这是一个已被证明在当前大多数种植系统中很容易实现的值，但在养殖系统中可能难以实现。因此，需要为不同的农业系统、区域和土壤类型建立不同的目标值。

图1还显示了氮输出和氮盈余的可能目标值或参考值。确定氮输出参考值的基本原理是，对于满足一定食物量的需要，应达到最低产量水平；对于满足农民竞争性的需要，在环境和农业条例认可条件下达到足够的生产水平。此外，它也表明在世界有限的可耕种土壤上的土地利用效率。氮输出的目标值依赖于农场类型、管理水平、地区和国家。例如，耕种系统中包括非完全致力于蛋白质生产的轮作系统中作物的氮输出目标值可能低于完全致力于蛋白质生产的作物氮输出。同样，对于动物生产系统来说，高目标值可能难以实现。

对于氮盈余的目标值估算的基本原理是，氮盈余是氮环境损失的驱动因素和粗略估计。条例中特定的氮盈余值应有助于不超过地下水和地表水体的硝态氮和总氮的阈值。此外，还必须尽量减少氨（NH_3）挥发、反硝化作用和一氧化二氮（N_2O）排放到空气中的氮损失。氮盈余没有最低值，但氮盈余［<0 kg/（hm^2·a）］的极低值与氮素利用效率（NUE）大于90%时是有联系的，因此不建议长期使用。与氮素利用效率（NUE）和氮输出的目标值一样，准确的氮盈余目标值取决于农场系统、区域和土壤类型。

3　不同农业系统的氮输入和氮输出变量

测评氮素利用效率（NUE）需要准确的氮输入和氮输出数据。这些数据必须以统一的方式收集、处理和报道，才可以在农场之间和年际之间相比较，并且可以将结果与参考（基准）值关联起来。

氮输入和氮输出部分取决于氮平衡类型。在这里，我们提出农场氮平衡，主要是因为数据收集容易；没有必要估算农场生产的草、饲料和粪肥等物品的含氮量，但对从农场输入和输出的饲料和粪肥的含氮量估算是必要的。

表1列出了估算农场氮平衡需要的输入项和输出项。这些数据可以估算农场氮输出、氮素利用效率（NUE）和氮盈余，基本上包括所有类型的农场。输入和输出项在氮平衡上只需报告统计一次。如果有动物被输入到农场，有其他动物被输出，那么只应显示净结果，即显示氮平衡的右侧①。同样，如果动物粪肥输入到农场并输出其他粪肥，那么纯的氮输入应被统计为输入量（见表1）。因此，粪肥应被视为一种输入（而不是收获物的输出）。同样，作为饲料和草料输入的氮应统计为净输入值（氮输入和氮输出之间的差值）。在氮平衡两侧正确统计输

① 显然，设置特定动物，针对特定动物的氮含量来计算。

入项和输出项非常重要，因为它可以在不同农场间进行更好的比较。

表1 农场氮平衡需要考虑的常规输入项和输出项

氮输入项		氮输出项	
矿物肥料	I1	作物产品	O1
饲料	I2	动物（纯品）	O2
生物固氮	I3	动物产品（奶、蛋、毛料）	O3
大气氮沉降	I4	树、果园树枝	O4
堆肥和污水污泥	I5		
种子和种植材料	I6		
底料（稻草、锯屑）	I7		
动物粪肥（纯品）	I8		
灌溉水	I9		

3.1 氮输入的估算

氮输入必须根据特定年份中使用的产品数量和这些指定产品的平均氮含量进行估算。因此，农场输入项必须纠正农场的库存变化。

所使用氮肥的数量来自采购统计（会计数据）和农场氮肥库存的可能变化。每种氮肥品种都有其特定的氮含量，可从采购订单或肥料袋上的信息中获得。

某一年输入农场的饲料和草料中氮的数量也来自采购统计以及农场饲料和草料库存的可能变化。饲料和草料有明确的蛋白质（氮）含量，可以从采购订单或饲料浓缩袋的信息中获得，或从附件1表1得到。这里提出采用分级（分层）方法（见附件1表3），如下。

第1级：如果没有国家数据，则通常查表得到；

第2级：在易获取的报告中查找本地的/国家的且经过验证的值；

第3级：本地样品氮含量分析。

通过生物固氮方式进入农场的氮数量主要取决于农场种植的作物类型和面积。菜豆、豌豆、芦豆、紫花和丁香是豆科，能够固定空气中的氮气，其固氮量变化范围低的可能每年每公顷低于50 kg，高的可能达到200 kg以上，这具体取决于土壤类型、气候和管理。这里也提议采用分级（分层）办法（见附件3），如下。

第1级：如果没有国家数据，则一般查表得到；

第2级：在易获取的报告中查找本地的/国家的且经过验证的值；

第3级：固氮量的测定。

大气氮沉降量依赖于不同区域而变化。其范围低的地方可能不到10 kg/（hm^2·a），高的地方可能大于20 kg/（hm^2·a）。大气氮沉降近似值可以从EMEP网站（http：//webdab.emep.int/Unified Model Results/userguide frame.html）获取。另见附件2，也可以查看2012—2014年氮沉降平均值的地图。

某一年度使用的堆肥和污水污泥数量来自采购统计数据以及农场堆肥和污水污泥存量的可能变化。堆肥和污水污泥有其具体的氮含量，可从采购订单或袋上的信息或附件1中查表获得。

某一年度使用的种子和种植材料数量来自采购统计以及农场种子和种植材料库存的可能变化。种子和种植材料有其具体的氮含量，可从采购订单或袋上的信息或附件1中查表获得。

某一年度使用的底料（稻草、锯屑）数量来自采购统计数据和农场底料库存的可能变化。底料有其具体的氮含量，可从采购订单或袋上的信息或附件1中查表获得。

某一年度使用的输入粪肥数量来自采购统计数据和农场输入粪肥库存的可能变化。不同粪肥类型都有具体的氮含量，可以从采购订单或附件1中查表获得。

在灌溉种植系统中，灌溉水的氮输入应有记录。计算方法是灌溉量×该灌溉水硝态氮的浓度。应记录或估算每个具体地点的作物灌溉量。灌溉水硝态氮的浓度取决于其来源（地表、含水层），且该数值应该在当地获得。

3.2 氮输出的估算

氮输出必须根据已收获的农产品数量和这些特定的农产品平均氮含量进行估算。收获的作物可能暂时储存在农场，并在一年后出售（预计价格会更高）。但是，无论收获物在收获当年出售还是留在下一年出售，都应记录收获物的总产量。因此，氮输出就不因仓库的存储量和库存变化而要更正（这与氮输入不同）。

某一年收获的粮食中的含氮量来自产量记录（或销售统计数据）。每种粮食作物产品都有其具体的氮含量，可从具体的实验室分析或附件1查表获得。只有当从农场收获的作物残留物（如谷类稻草、甜菜叶、树木修剪）带出农场时，这些残留物的含氮量才应计算在内。

某一年出售动物肉制品的含氮量来自销售统计数据（动物数量和动物的具体重量）。每种动物类型都有其具体的含氮量，该值可从附件1查表得到。

某一年出售动物副产品（牛奶、鸡蛋、羊毛）中的氮含量来自销售统计数据（牛奶、鸡蛋和羊毛的重量和质量）。每种副产品都有其具体的氮含量，该值可从附件1查表得到。

3.3　氮输入和氮输出的近似值

可能并非所有氮输入和氮输出项都记录在特定的研究案例中，或者某些项目无法轻易估算。在这种情况下，可能需要用到近似值。我们建议始终对第9个输入项和第4个输出项进行估算，但必须报道估算的原始依据（文献或专家意见）。

3.4　估算土壤氮库的变化

土壤是氮的主要储存器，尤其是表层土（耕作层）。铵态氮和硝态氮占土壤中氮总量（2 000 ~ 10 000 kg/hm^2）的一小部分，可直接被植物吸收。大多数氮以有机质形式储存在土壤中，不能被植物直接吸收。每年土壤中大约2%的有机结合态氮经矿化后可供植物吸收利用。但这种行为是以土壤有机氮储量耗尽为代价的。因此，应通过提供作物根和根茬、作物残留物和动物粪肥来补充土壤有机氮。

土壤有机氮通常随着作物轮作而改变，特别是当永久草地转变为耕地之后，反之亦然。它通常也随粪肥和化肥的施用、土壤栽培措施以及天气条件（平均温度、降水量）变化而变化。这些变化对氮素利用效率（NUE）、氮输出和氮盈余有很大影响。

然而，测定土壤有机氮的变化并不容易，因为土壤氮含量在空间和深度上变化很大。因此，准确测定土壤有机氮的变化需要特定的取样方法和分析方案，这些方案必须在足够长一段时间内应用（至少一个轮作周期或4年）。

我们建议农场氮素利用效率（NUE）的研究报告应包括关于土壤有机氮变化的可能性和风险性的讨论，以及对氮素利用效率（NUE）可能产生的影响。参考文献应涉及关于地区级或者国家级对土壤氮库和碳库变化的监测研究。

4　农场类型、管理、气候和土壤状况的特征

氮素利用效率（NUE）依赖于不同农场类型或农业系统、管理、环境条件和社会经济条件。因此，在比较氮素利用效率（NUE）差异和制定提高氮素利用效率（NUE）的指导文件时，必须考虑以上因素。除第3章所描述的氮输入和氮输出变量之外，本章所介绍的因素也必须记录在案。建立（统计）氮素利用效率（NUE）与农场类型、管理、气候、土壤类型之间的关系也需要这些信息。

4.1　农场类型特征

农业系统、资源基础、企业经营模式、作物、动物和其他制约因素都存在巨大的差异。第一区别通常是：①专门的作物生产系统；②专门的动物生产系统；③混合生产系统。欧盟统计局（2015a）划分了8种主要农场类型（见表2）[①]和3个主要土

① 2013年，欧盟28国不同类型农场约有1 084万个，其中，1.6%没有土地，43%拥有的土地面积小于2 hm^2，33%拥有的土地面积为2 ~ 10 hm^2，15%拥有的土地面积为10 ~ 50 hm^2，3.6%拥有的土地面积为50 ~ 100 hm^2，3.1%拥有的土地面积大于100 hm^2。随着时间的推移，小型农场的数量正在减少。

地使用类别。2013年，欧盟28国将可利用的农业土地面积大约60%列为可耕地，34%列为草地，6%列为永久耕地（果园、葡萄园）。2013年，欧盟28个国家的农业用地总面积为1.74亿hm^2。

表2 2013年欧盟28国不同农场类型数量（欧盟统计局，2015a）

代号	农场类型	欧盟28国不同农场类型数量/百万元	欧盟28国不同农场类型占比/%
1	大田作物	3.20	29.6
2	园艺作物	0.21	1.9
3	永久作物	1.89	17.4
4	放牧牲畜	1.86	17.1
5	食谷类[1]动物	1.02	9.4
6	混合型家畜	0.48	4.4
7	混合型作物	0.52	4.8
8	混合型作物—畜牧业[2]	1.50	13.8
9	其他	0.16	1.5
	合计	10.84	100.0

注：1.食谷类字面意思是“以谷物和种子为食”。实际上，其意思是拥有单胃动物的农场，主要是猪和家禽，其中通常有相当一部分饲料是输入进去的。

2.混合型作物—畜牧业是既没有以牲畜饲养，也没有以作物生产作为主导活动。如果一项活动提供至少2/3的农业生产，则被称之为主导活动。

Andersen等（2007）在下列分类项目基础上为欧盟农业开发了农场类型学。

· 专业化：以农场主要活动产值来衡量；10个专业化农场类型。

· 规模：按农场的经济规模来衡量；4类：<4万欧元；4万～20万欧元；20万～100万欧元；>100万欧元（SO）[①]。

· 强度：以每公顷欧元为单位的总产量来衡量；3类：<500欧元/hm^2；500～3 000欧元/hm^2；>3 000欧元/hm^2。

· 土地利用：按特定作物类型所覆盖的农业面积比例衡量；区分了9种不同的土地利用类型。

Andersen等（2007）的农场类型学是一个用于描述农场类型特性的框架，因为农场的规模、生产强度、专业化和土地利用是氮素利用效率（NUE）、氮输出和氮盈余的重要决定因素。然而，农场类型并没有足够详细的涉及动物生产农场饲料使用的外部化水平。圈养动物（食谷类动物）养殖场被单列（见表2），但很大一部分非圈养动物养殖场的确从其他地方购买动物饲料，这影响到农场的氮素利用效率（NUE）、氮输出和氮盈余。因此，我们建议农场特征中应包含外部化水平，这里的外部化定义为从农场外部输入的用于饲料（干重）的百分比。简言之，农场的特征应基于表3所列的5个项目。

① SO是标准产出，在欧洲，按农场出厂价计算为农业产出（作物或牲畜）的平均货币价值。它不包括投入成本（投资）或通过补贴直接付款。

表3　欧盟28国农场特征描述

序号	特征	特征化单位
1	专业化	专业化类型和主要活动产出所占百分比/%； 10个专业化农场类型：①耕地农场；②园艺农场；③永久农场；④奶牛场；⑤肉牛农场；⑥养猪场；⑦家禽农场；⑧绵羊和山羊农场；⑨混合牲畜；⑩混合农场（其他农场）
2	土地利用	作物轮作和作物类型/%
3	规模	输出值，欧洲标准输出和可利用的农业面积/hm^2
4	集约化	输出值/（欧元/hm^2）
5	外部化	购买的饲料，占饲料总量的百分数/%

4.2　管理特征

管理常常被认为是第4个生产要素，仅次于土地、劳动力和资本。有时，它被认为是农场运行最重要的因素。管理通常被定义为“一套实现目标的活动”。它包括：①现状分析和可能出现的选项分析；②决策制定；③活动计划制订；④计划实施；⑤监测；⑥成效验证和控制。这些管理活动与农场的不同构成有关。

这里讨论农场管理特征的目的是将管理与氮素利用效率（NUE）、氮输出和氮盈余联系起来。因此，它应该是一个简单的管理特征。第一步，将作物管理和畜牧管理分开。

作物管理进一步划分为如下5个方面。

（1）作物轮作方面，即作物种植顺序、覆盖作物和林下种植的利用、豆科作物的利用、缓冲区的利用；

（2）土壤耕种方面，即传统（犁板）翻耕或少耕或免耕；

（3）养分管理，即土壤肥力分析、有机耕作、无低排放技术下动物粪肥的施用、低排放技术下动物粪肥的施用、化学肥料的施用、全球定位系统控制的施肥技术的应用、微量营养元素或其他添加剂的应用；

（4）虫害管理，即化学防治或生物防治措施的使用；

（5）灌溉和排水方面，即无灌溉、喷灌、大水漫灌、滴灌或水肥一体化。

畜牧管理进一步划分为如下7个方面。

（1）动物类别，即奶牛—肉牛—猪—家禽—绵羊—山羊；

（2）与畜群相关的方面，即奶牛数量、后备母牛的数量、后备小牛数量、肉牛和种牛数量、母猪数量和育肥猪数量、肉鸡数量和蛋鸡数量；

（3）饲养管理，即每年放牧天数、每头奶牛精饲料（kg）、动物饲料中蛋白质百分比（%）；

（4）动物性能绩效，即每头奶牛每年的产奶量（kg）、产犊间隔（天）、每头母猪产猪仔数量、饲料转化率［猪肉（kg）/饲料（kg）；肉鸡（kg）/饲料（kg）；鸡蛋（kg）/饲料（kg）］；

（5）动物健康管理，即兽医费用，占总成本的百分比；

（6）粪肥管理，即固体粪肥或泥浆、覆盖粪便储存、粪肥输出；每年立方数，低排放粪肥应用；

（7）粗放型或集约型。

4.3 气候特征

气候是指长期在设定区域进行太阳辐射、日长、温度、湿度、大气压力、风、降雨和其他气象要素测量的统计数据。根据世界气象组织（WMO）的定义，在统计学上被认为可靠的标准时间段是30年。气候可以与天气形成对比，天气是这些气象要素的当前状况及其在较短时期的变化。气候可以依据不同要素的平均值和典型范围进行分类，最常见的是温度和降水量。

过去10年中，气候信息已经与其他环境数据进行了关联，这使得相对同质地层的土地归类达到了一致。环境分层不同于气候分层，除简单的气候特征外，环境分层还包括其他很多因素。气候影响地球上的生命，但生命也影响气候。因此，气候与环境之间有着强有力的联系和相互作用。

图2是基于气候、地貌、纬度和海洋度（一个地方的条件受海洋影响的程度）对欧洲联盟（欧盟）的环境分层。分层方法是基于聚类统计分析。聚类结果集中在13个不同的环境区（12个在欧盟，另一个在土耳其）。该图显示了整个欧洲环境区的地图。表4提供了环境区的名称和缩写。表5总结概括了每个区域的主要气候特征。

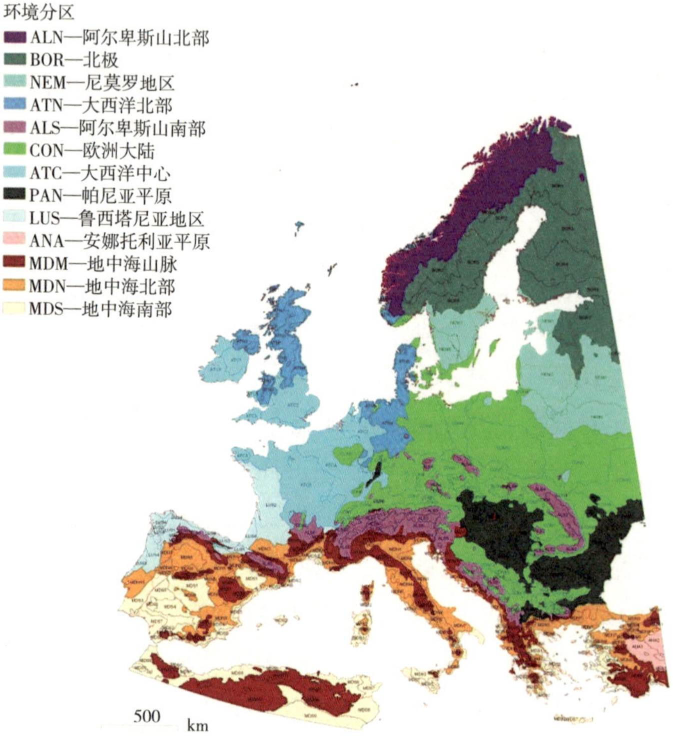

图2　欧洲的环境分区（Metzger等，2005）

氨挥发、硝酸盐淋溶和农田硝酸盐和磷酸盐径流导致的氮损失风险也受到气候（环境区）的影响。当温度和湿度相对较高且没有降雨时，氨挥发损失较高。硝酸盐的淋溶、径流和反硝化作用在暴雨条件下与水输入（降雨＋灌溉）大于蒸发作用时最有可能发生。地貌和土壤条件在氮损失方面也不同程度地影响氮损失（见4.4节）。

表4 13个气候分区或环境分区

序号	环境分区	主要位置和特征
1	阿尔卑斯山北部（ALN）	斯堪的纳维亚山脉
2	阿尔卑斯山南部（ALS）	中欧和南欧山脉
3	大西洋北部（ATN）	欧洲西北地区；受大西洋和北部海洋影响
4	大西洋中心（ATC）	欧洲西部地区
5	北极（BOR）	斯堪的纳维亚洼地
6	欧洲大陆（CON）	欧洲中部地区；温暖的夏天和寒冷的冬天
7	鲁西塔尼亚地区（LUS）	南大西洋地区；温暖的夏天和温和的冬天
8	地中海北部（MDN）	地中海北部地区
9	地中海山脉（MDM）	地中海山脉；受地中海和山脉的影响
10	地中海南部（MDS）	典型的地中海气候；温和的冬天和炎热、干燥的夏天
11	尼莫罗地区（NEM）	斯堪的纳维亚南部、波罗的海国家和白俄罗斯
12	帕尼亚平原（PAN）	欧洲草原地区；寒冷的冬天和干燥炎热夏天
13	安娜托利亚平原（ANA）	土耳其草原，地中海草原环境

表5 欧洲13个环境区的相对面积，冬季和夏季平均温度和降水量以及平均温度高于5℃的天数*

序号	环境分区	相对面积/%	平均温度/℃		平均温度>5℃的天数/天	平均降水量/mm		
			冬季	夏季		冬季	夏季	合计
1	阿尔卑斯山北部（ALN）	5	−6	6	130	504	432	936
2	阿尔卑斯山南部（ALS）	5	1	11	220	475	614	1 089

（续表）

序号	环境分区	相对面积/%	平均温度/℃		平均温度>5℃的天数/天	平均降水量/mm		
			冬季	夏季		冬季	夏季	合计
3	大西洋北部（ATN）	5	4	12	255	658	491	1 149
4	大西洋中心（ATC）	8	6	14	296	437	389	826
5	北极（BOR）	14	−5	9	157	263	349	612
6	欧洲大陆（CON）	20	2	15	227	270	415	685
7	鲁西塔尼亚地区（LUS）	3	9	16	353	622	406	1 028
8	地中海北部（MDN）	9	8	18	335	411	277	688
9	地中海山脉（MDM）	9	7	18	298	424	292	716
10	地中海南部（MDS）	9	12	21	363	368	149	517
11	尼莫罗地区（NEM）	8	−1	13	196	276	374	650
12	帕尼亚平原（PAN）	7	4	18	250	231	337	568
13	安娜托利亚平原（ANA）	1	3	12	—	202	138	340

*表中显示的是平均值，但区域内的变异可能很大。例如，MDS区的平均年降水量为516 mm，这似乎不切实际，可能是因为该区域包括一些降水量大的地区（即伊比利亚半岛西南部，年平均降水量>1 000 mm），而另一些地区年平均降水量非常低［即伊比利亚半岛以东（<200 mm）、西西里岛或塞浦路斯］。该地区可进一步细分为地中海海洋、地中海大陆、亚热带和干旱。因此，某些区域可能包括局部平均值可能与区域平均值有很大差异的地方。

4.4 坡度和土壤状况特征

土壤图显示了土壤类型的空间分布。现在几乎所有国家都开发了自己的土壤特征、分类、调查和测绘系统。导致的结果是，不同国家鉴定确认的土壤类型和制作的土壤图很难比较。

第一部《欧洲土壤地图集》（Jones等，2005）是以世界土壤资源参考基准（WRB）为基础制作的。以世界土壤资源参考基准（WRB）划分的土壤类型（参考组）有32种，欧洲就占有25种。土壤范围最大的是阿尔贝卢维索，覆盖欧洲面积的15%；波佐尔占14%；坎比索占12%。欧洲土壤地图集的概况地图在比例尺为1：50 000或1：250 000尺度下显示了土壤图的可用性。表明这类地图在经济规模和人口规模较大的国家（法国、德国、英国）并没有覆盖到详细的土壤信息。事实上，面积小、人口更稠密的国家有较为详细的土壤图（丹麦和瑞士除外）。原因有很多，但在人口稠密的地方，由于人口压力大，可能有详细了解土地特征的历史需求。表6列出了32个参考土壤组。图3显示了欧洲土壤图。

对作物生长和环境氮损失最重要的土壤特征是，土壤深度、坡度、质地、土壤有机质和pH值（见表7）。土壤深度是“岩石深度”和“根部障碍深度”的组合。“岩石深度”即土壤剖面中遇到岩石的深度；“根部障碍深度”即限制根渗入土壤的土壤层，如岩石、不渗透的土壤层和地下水（反映土壤排水状况）。虽然土地坡度对作物生长（尽管生长向太阳方向倾斜）影响并不大，但它对田间作业、径流和侵蚀的风险影响很大。土壤质地是指各种颗粒大小等级的比例。当细土部分土壤颗粒小于2 μm时，极大地影响土壤的物理、化学和生物特性，特别是土壤持水能力、阳离子交换能力以及养分的保持和运移。土壤有机质和pH值影响土壤结构以及养分保持和运移特性。

表6　世界土壤资源参考基准（WRB）和首部“欧洲土壤图集”的32个参考土壤组

土壤类型的简要说明	缩写词
1. 具有厚有机层的土壤	有机土（HS）
2. 具有强烈人类活动影响的土壤	
具有长期和集约化农业利用的土壤	人为土（AT）
含有许多人工制品的土壤	改性土（TC）
3. 受冻土层或者岩石层影响根系生长受限的土壤	
受冰层影响的土壤	冷冻土（CR）
浅层土或砂砾极多的土壤	薄层土（LP）
4. 受水影响的土壤	
干湿交替，富含膨胀黏土的土壤	变性土（VR）
洪泛区，潮汐沼泽地	冲积土（FL）
碱土	碱土（SN）
蒸发而富盐土	盐土（SC）
受地下水影响的土壤	潜育土（GL）
5. 被Fe/Al化学行为影响的土壤	
水铝英石或含Al腐殖质复合物	火山灰土壤/暗色土（AN）
螯合淋溶作用和冷凉作用	灰化土（PZ）
水态条件下Fe的累积	聚铁网纹土（PT）
低活性黏土，P固定，结构稳定	黏绨土（NT）
高岭土和水基氧化物为主	铁铝土（FR）

（续表）

土壤类型的简要说明	缩写词
6. 带有静态水的土壤	
骤变的纹理不连续性	黏磐土（PL）
结构或中等纹理不连续性	滞水土（ST）
7. 有机质累积的高肥力土壤	
典型的松软土壤	黑钙土（CH）
过渡到较干燥气候	栗钙土（KS）
过渡到更潮湿气候	黑土（PH）
8. 较少可溶性盐或非含盐物质累积的土壤	
石膏	石膏土（GY）
二氧化硅	硅质结核土（DU）
碳酸钙	钙质冲积土（CL）
9. 底土层富含黏土的土壤	
漂白淋溶舌状物	漂白红砂土（AB）
低肥力，高活性黏土	高活性强酸土（AL）
低肥力，低活性黏土	低活性强酸土（AC）
高肥力，高活性黏土	高活性淋溶土（LV）
低肥力，低活性黏土	低活性淋溶土（LX）
10. 发育相对较轻的土壤或者很少或未形成剖面的土壤	
酸性深色表土	暗色土（UM）
沙土	砂性土（AR）
中等发育的土壤	雏形土（CM）
没有显著剖面发育的土壤	疏松岩性土（RG）

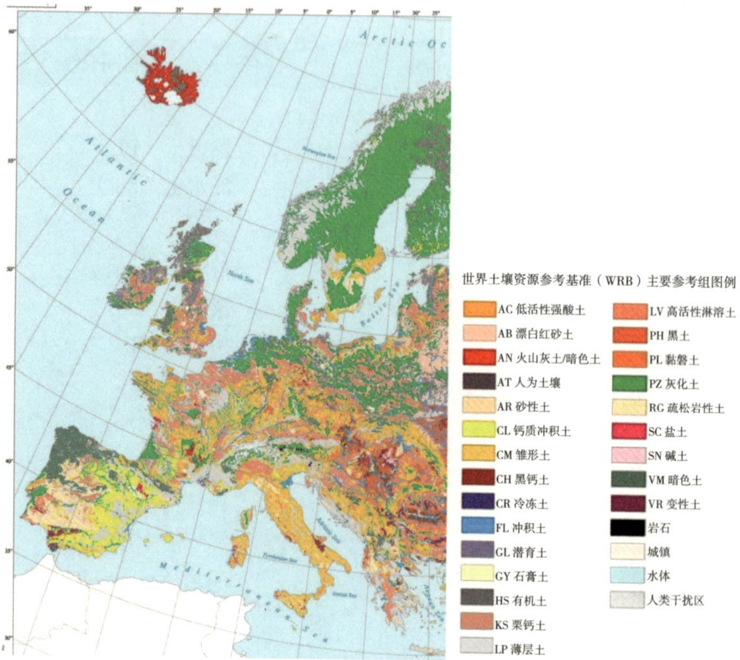

图3　欧洲土壤图

表7　与作物生长和氮素损失有关的重要土壤变量

土壤变量	描述
土壤类型	参考土壤分组（表6）
坡度	（1）水平（0%～2%） （2）缓斜坡（2%～8%） （3）斜坡（8%～15%） （4）中度陡峭（15%～25%） （5）陡峭（>25%）

（续表）

土壤变量	描述
土壤深度	（1）浅层（<40 cm） （2）中等深度（40 ~ 80 cm） （3）深层（80 ~ 120 cm） （4）极深层（>120 cm）
表层土质地	（1）无矿物结构（泥炭土） （2）极细（黏土>60%） （3）细粒（黏土：35% ~ 60%） （4）中细（黏土：15% ~ 35%） （5）中砂（黏土：8% ~ 15%） （6）细砂（黏土：5% ~ 8%及<65%） （7）粗粒（黏土：<5%，>含砂量65%）
表层土pH值	（1）碱性（pH>7.5） （2）中性（pH：6 ~ 7.5） （3）偏酸（pH：4.5 ~ 6） （4）酸性（pH<4.5）
矿质土壤耕层有机质含量	（1）高（>5%） （2）中（3% ~ 5%） （3）适中（1% ~ 3%） （4）低（<1%）
土壤养分水平（基于土壤磷、钾、硫、镁，微量元素含量）	（1）低 （2）中 （3）高

5　农场氮素利用效率（NUE）、氮输出和氮盈余的测评报告格式

理想情况下，农场报告有一基本（通用）格式，这样使报告更易理解，并方便农场之间的比较。报告的基本（通用）大纲如下（框1）。实际上，不同农场类型之间存在巨大差异，特别是农场的主要类型，如：①种植农场；②有牲畜的农场，包括种植养殖一体化农场；③拥有永久作物（农田）的农场，如果园、葡萄园、橄榄园。系统之间的差异可能需要对报告提纲进行微调或修改。

框1　报告通用提纲

1. 题目：***农场***年氮素利用效率
2. 引言
   —主要目的（监测，提高氮素利用效率，等）
   —研究团队（参与人）
3. 研究区域描述
   —处于欧洲的位置（地理坐标）
   —环境分区特征、土壤类型以及管理（见表7；附件4）

4. 农场及其管理特征

—农场数目

—农场类型的主要特征（见附件4表3）

—管理特征（见附件4表3和表4）

5. 数据收集程序

—数据收集方法、时间、地点

—数据收集和数据处理人员

6. 氮输入和输出特征

—主要的氮输入、氮输出和氮库变化

—氮平衡特征（见附件4表1）

—氮素利用效率、氮输出和氮输入的图形表达；图1形式的结果展示

7. 讨论和结论

—关于结果和变化趋势，以及它们与农场类型、土壤、气候、管理的关系

—关于结果的不确定性

—关于土壤氮含量可能发生的变化

—提高氮素利用效率的建议

8. 参考文献

以下3个小节进一步提供了农场关于氮素利用效率（NUE）、氮输出和氮盈余报告的编写说明。

5.1 耕地和蔬菜农场

在欧盟有一定数量的耕地农场（见表2），并且有相当大的占地面积。最初，可耕地的定义是“在犁过的地里种植作物”，与永久的草原和林地（果园）形成鲜明对比。这个定义不适合免耕的耕地农场。“有大田作物的农场”一词也可用于耕地，其中大田作物被定义为“在田间以农业生产为目的种植的作物（不包括水果或蔬菜）”。这一定义可能包括用于饲养动物的作物，包括干草和青贮，但不包括种植蔬菜。也有人则将大田作物定义为“所有在田间种植的作物”，这与室内种植的作物（房屋、温室）形成对比。欧盟统计局（2015b）编写了一本关于欧洲种植作物的命名和定义的指南。在耕地农场里种植的大多数作物都是一年生作物，但有些作物是常年生的，如紫花苜蓿和竹笋。有些作物是两年生的，需要两年时间才能完成生命周期（冬季后第2年开花）。

欧盟统计局（2015b）列出了耕地农场上种植的大约70种不同作物。另外，还列出了蔬菜农场里种植的约55种蔬菜作物。有些作物既可在耕地农场里种植，也可在蔬菜农场里种植。事实上，耕地农场和蔬菜农场之间的差别往往相对较小；蔬菜农场面积相对较小，单位土地的劳动力成本和市场产出相对较大。我们在这里使用蔬菜农场，而不是园艺农场，是因为后者可能还包括果园的水果和坚果。

典型的耕地农场和蔬菜农场是多个作物轮作生长。作物轮作可以阻止土传病害和杂草的侵扰。因此，与年复一年的单一作物种植相比，轮作种植时作物的产量通常更高。因为作物轮作的重要性，农民每个轮作周期（通常为3～6年）进行养分管理（包括氮素管理）是很常见的。根据上一种作物，他们可能或多或少地对具体作物进行施肥。然后，依据轮作中其他作物和氮素管理，在作物/田间水平上确定的氮素利用效率（NUE）、氮输出和氮盈余给出可能产生偏差的结果。因此，关于氮素利用效率（NUE）、氮输出和氮盈余的测评报告最好覆盖整个作物轮作周期。报告里需要介绍种植作物类型和作物轮作情况，同时描述氮素利用效率（NUE）、氮输出和氮盈余。此外，在主要作物收获后，可以种植覆盖作物、绿肥作物或捕获作物，并在下一茬作物种植前将其翻耕下面。在这种情况下，覆盖作物、绿肥作物或捕获作物可以清理前茬主要作物在土壤中的残留养分，而下一茬作物可能受益于覆盖作物、绿肥作物或者捕获作物通过矿化释放的养分。还有，同年可在同一田地种植2～3种主要作物（例如，叶菜豆蔬菜中如菠菜和生菜作为单一栽培，或与卷心菜轮作）。作物可以间作，也可以套作，在这种情况下，也很难准确估计每种作物的氮素利用效率（NUE）。

总之，耕地农场和蔬菜农场的氮素利用效率（NUE）、氮输出和氮盈余应在农场层面做出书面报告，而且最好是在一个轮作周期下的报告。作物的轮作情况和作物类型是必须要明确描述的。特殊情况下，农民可能有兴趣估算田块水平或者具体作物的氮素利用效率（NUE）、氮输出和氮盈余。

报告应遵循框1中列出的大纲。在报告第4部分，必须使用

表3中提到的农场类型学的5个特征来描述农场的特点。然后在第6部分中使用表1的形式列出氮输入和氮输出。对于耕地农场和蔬菜农场，最相关的氮输入和氮输出项在表8列出。

农场中可能的存储状况使得氮输入项需要更正，即必须被记录的有：用于土地的种植材料、化肥、粪肥、堆肥/或污泥的数量。因此，对于输入到农场的种植材料、化肥、粪肥、堆肥/或污泥的数量进行更正，因为这些材料在农场（或其他可能的储存地点）上储存可能发生变化。种植材料、化肥、粪肥、堆肥/或污泥的数量×这些物品的氮含量，氮含量最好是从采购公司使用的认证实验室分析得到或从附件1中查表得到。

表8　建立耕地氮平衡的通用投入和产出项目

氮输入项		氮输出项	
矿质肥料	I1	收获物	O1
生物固氮	I3		
大气氮沉降	I4		
堆肥和污水污泥	I5		
种子和种植材料	I6		
动物粪便（纯）	I8		
灌溉	I9		

所有作物收获物必须记录在案，即使这些产出临时储存在农场（并在第2年出售）。收获物重量乘以这些收获物的氮含

量，即是收获物的氮输出量。这些收获物的氮含量值最好是来自经认证的实验室分析得到或附件1查表得到。

氮输入和氮输出总量以单位种植面积来表示。因此，休耕地、缓冲地带、关键地区不包括在农业用地范围内，除非这些区域是作物轮作不可或缺的组成部分。氮素利用效率（NUE）、氮输出和氮盈余也以图的形式呈现（见图1）。报告中应体现土壤氮库的变化（耕层25 cm）情况，并有与氮素利用效率（NUE）的相关性讨论。

报告第7部分（框1）讨论了与农场特征和环境条件相关的农场氮素利用效率（NUE）、氮输出、氮盈余，以及可能的参考值或目标值。欧盟氮素专家组（2015）在图1中提出了暂时性的目标值，并对此进行了讨论，但这些目标值应进一步改进和完善。第7部分还讨论了估算氮素利用效率（NUE）、氮输出和氮盈余过程中可能存在的不确定性以及提高氮素利用效率（NUE）和氮输出，减少氮盈余的机会。

5.2 种养一体化农场

种养一体化农场既有作物种植，也有畜禽养殖。这类农场饲养的动物可生产奶、蛋、肉；这些动物靠农场种植的饲料喂养，也可能购买一些动物饲料作为补充。一些种养一体化农场既可以生产和销售耕地农场的作物或蔬菜，也可以生产和销售多余的动物饲料。

欧洲的种养一体化农场类型繁多。这些农场包括专业放牧牲畜养殖场、专业食谷类动物农场（单胃动物的无地农场，包括猪和家禽、混合家畜养殖场）。表2列出了种养一体化的农场名单。占优势地位的农场类型包括以草原为基础的奶牛场和牛肉养殖场与以农田为基础的猪和家禽养殖场。农场在动物类别、专业化和动物饲料净购买（外部化）方面可能有所不同。以农场统计和欧盟统计局所区分动物类别被列在欧盟关于牲畜和肉类统计的第1165/2008号条例（欧共体，2008）中。共划分了约30个类别。农场可以是高度专业化的。例如，专门的肉鸡养殖场从输入只有几天大的小鸡，并在几周内将这些鸡饲养到所需的重量，通常以购买的饲料为原料。此周期每年可重复6～7次。相比之下，完全集约化的（封闭的）种养一体化农场只销售在农场里出生的动物，这些动物是被农场生产的动物饲料所喂养的。混合家畜农场不止有一种主要的家畜种类，也可能还有农田。种养一体化农场既可以销售动物类产品也可以销售植物类产品。

种养一体化农场氮素利用效率（NUE）、氮输出和氮盈余都应有一个年度报告，报告里应一并说明动物种类、耕地面积和作物类型，以及动物饲料的相对外部化。估算主要动物种类和耕地水平上的氮素利用效率（NUE）、氮输出和氮盈余对于提高氮素利用效率（NUE）和氮输出，减少氮盈余可能有重要意义。在更小分级尺度上具体的氮素利用效率（NUE）、氮输出和氮盈余需要更多数据信息的记录和处理。在这里，我们专注于农场层面。

研究报告应再次遵循框1中提出的大纲。在报告的第4部分，农场将采用表3中提到的农场类型学的5个特征进行描述；然后在第6部分采用表1的形式列出氮输入和氮输出项。表1中可能并非所有输入和输出项目都与种养一体化农场相关，这取决于农场的专业化程度。最相关的如表9所示。

农场中可能的存储状况使得氮输入项需要更正，即必须被记录的有：施用于土地的化肥、动物饲料、粪肥、堆肥或污泥的数量。因此，对于输入到农场的动物饲料、化肥、粪肥、堆肥或污泥的数量进行更正，因为这些材料在农场（或其他可能的储存地点）上储存可能发生变化。动物饲料、化肥、粪肥、堆肥或污泥的数量乘以这些物品的氮含量，即是氮输入量。这些物品的氮含量最好是从采购公司使用的认证实验室分析得到或从附件1中查表得到。

所有作物收获物均应被记录，即使这些产出临时储存在农场（并在第2年出售）。收获物重量乘以这些收获物的氮含量，即是种植作物收获物的氮输出量。这些收获物的氮含量值最好是来自经认证的实验室分析得到或附件1中查表得到。所有出售给市场的动物产品（牛奶、鸡蛋、羊毛）以及动物的重量均记录在案。对于牛奶，氮含量由平均蛋白质含量获得。蛋白质含量由牛奶加工商量化确定并标明在说明书上（氮含量=蛋白质含量/6.38）。牛奶加工商记录的牛奶产量也必须由家庭成员的消费与出售给附近居民的牛奶数量进行校正。

表9　种养一体化农场所考虑的氮平衡的输入和输出项目

氮输入项		氮输出项	
矿质肥料	I1	农作物收获物	O1
饲料和草料（纯）	I2	动物（纯）	
生物固氮	I3	动物产品（奶、蛋、羊毛）	
大气氮沉降	I4	树木、树枝（来自农林业）	
堆肥和污水污泥	I5		
种子和种植材料	I6		
底料（稻草，锯尘）	I7		
动物粪便（纯）	I8		
灌溉	I9		

氮输入和氮输出总量以单位种植面积来表示。因此，休耕地、缓冲地带、关键地区不包括在农业用地范围内。氮素利用效率（NUE）、氮输出和氮盈余也以图的形式呈现（见图1）。报告中应体现土壤氮库的变化（耕层25 cm）情况，并有与氮素利用效率（NUE）的相关性讨论部分，比如将永久性草原转化为农田之后，这种变化是可以预料的；反之亦然。一段时间内的土壤氮库变化监测需要有具体的取样协议，类似于《气候公约》（UNFCCC）框架内土壤碳库变化监测协议（IPCC，2006；Smith等，2012）。在农林复合系统中，树木的氮库变化可能与碳库变化是相关的，所以氮库变化的估算应遵循碳库变化估算的建议。

报告第7部分（框1）讨论了与农场特征和环境条件相关的

农场氮素利用效率（NUE）、氮输出、氮盈余，以及可能的参考值或目标值。欧盟氮素专家组（2015）在图1中提出了临时性的目标值，并对此进行了讨论，但这些目标值应进一步改进和完善，以解释与不同系统、区域和土壤间具体值的相关性。第7部分还必须讨论的是，估算氮素利用效率（NUE）、氮输出和氮盈余过程中可能存在的不确定性以及提高氮素利用效率（NUE）和氮输出，减少氮盈余的机会。

5.3　永久性种植系统和果园

永久作物是“木质化的作物”，即生产水果、浆果和坚果的乔木和灌木。这些作物不是轮作种植的，而是连续多年收获的（通常超过5年，有些甚至超过50年）。永久作物包括水果和浆果树、灌木、藤蔓和橄榄树，但不包括木材用树。永久作物每公顷所产出的附加值一般高于一年生作物（耕地作物）。这些作物在塑造农村景观（通过果园、葡萄园和橄榄树等人造林种植）和帮助平衡环境内的农业（欧盟统计局，2015a）方面也发挥着重要作用。

2013年，永久作物种植面积占欧盟28国农业总面积的5.9%；但在西班牙等国家，永久作物占农业总面积的近20%。2013年，欧盟28国有190万农业股（农场）拥有专门的永久性种植系统（占农场总数的17%）。这表明永久种植系统的平均农场规模小于欧盟28国所有农场的平均农场规模（欧盟统计局，2015a）。

乔木和灌木通常只覆盖一部分土地。因此，林下往往种草，这些草要么被刈割，要么被覆盖，要么被机械地或通过除草剂去除，要么被绵羊、山羊或牛放牧啃食。林下种植的收获部分所带走的养分可能是虚无的或微不足道的，但众多的管理果园中这种养分带走量可能是显著的，所以应该被记录在报告中。在幼龄树阶段，用于乔木和灌木的投资主要在于根系、茎和嫩枝的生长发育。在种植幼树和灌木的最初几年中，水果产量和氮输出水平较低，但是氮输入量可能是显著的，表明氮素利用效率（NUE）在此期间是非常低的。对于成熟的树木和灌木用于根、茎和嫩枝生长发育的投资确实少得多，但是水果产量和氮素利用效率在这个阶段相对较高。随着年龄的增长，成熟乔木和灌木的产果量和氮素利用效率（NUE）逐渐下降，直到这些老树和灌木被铲除，果园重新种植。显然，在永久种植农场的氮素利用效率（NUE）、氮产量和氮盈余的研究报告里，必须说明果园的年龄（生理阶段）和管理情况。

乔木和灌木通常每1～2年修剪一次，嫩枝和树枝可以作为生物燃料或切碎后留在地上。修剪树枝所带走的养分可能微不足道，但在果园的生命结束时乔木和灌木被铲除移走所带着的养分是显著的。在这种情况下，研究报告必须记录通过树木、树枝和根茬所带走的氮输出。

乔木和灌木通常以滴灌方式灌溉，即水通过阀门、管道、滴灌带和滴头组成的管网缓慢地滴在靠近乔木和灌木根区的土壤中。氮肥和钾肥通常也通过滴灌（水肥一体化）施用。因此，只有一小部分土地被灌溉和施肥，以节省水和氮的投入。在这些情况下，水和氮的利用效率可能很高（Qin等，2016；Quemada和Gabriel，2016）。

水果的蛋白质含量很低（因此氮含量也很低）。蛋白质含量在苹果中约0.3%，葡萄中约0.6%，橄榄中约0.8%，橙子和桃子中约0.9%（全部为鲜重）。一些外来物种水果，如番石榴，蛋白质含量相对较高，可达2.6%。施氮量对水果的蛋白质含量影响较小。因此，果园的氮输出不高。每年每公顷产苹果100 t，氮的输出量仅为每年每公顷30 ~ 40 kg。每年每公顷产柑橘50 t，氮的输出量仅为每年每公顷50 kg。在果园中，大量的氮素循环通过叶子和修剪掉的小枝叶从植物到土壤，然后随着土壤矿化作用和根系吸收又从土壤到植物。如果这种循环管理良好（叶子和修剪掉的小枝叶不移除），即使氮的输出相对较低，但是氮素利用效率（NUE）仍然可以相对较高，因为在这些系统中氮的回收利用相当强烈。

坚果的蛋白质含量相对较高，为15% ~ 20%，相当于2.4% ~ 3.2%的氮。管理良好的果园如果每年的产量在5 ~ 10 t，那么氮的输出量可能在每年每公顷100 ~ 250 kg。

总之，永久作物系统农场的氮素利用效率（NUE）、氮输出和氮盈余应在农场层面做出书面报告，报告需要包括永久作物系统和作物类型、乔木或灌木的年龄以及管理情况。当农场种植不同品种水果时，农民可能对不同果园估算氮素利用效率（NUE）、氮输出和氮盈余感兴趣。

研究报告应再次遵循框1中提出的大纲。在报告的第4部分，农场将采用表3中提到的农场类型学的5个特征进行描述；

然后在第6部分采用表1的形式列出氮输入和氮输出项。最相关的氮输入和氮输出项如表10所示。

农场中可能的存储状况使得氮输入项需要更正，即必须被记录的有施用于土地的化肥、粪肥、堆肥的数量。因此，对于输入到农场的化肥、粪肥、堆肥的数量进行更正，因为这些材料在农场（或其他可能的储存地点）上储存可能发生变化。化肥、粪肥、堆肥的数量乘以这些物品的氮含量，即是氮输入量。这些物品的氮含量最好是从采购公司使用的认证实验室分析得到或从附件1查表得到。

所有收获的作物产品（水果和坚果）必须记录在案，即使这些产品临时储存在农场（并在第2年出售）。收获产品的重量乘以这些产品的氮含量，即是收获产品的氮输出量。这些收获产品的氮含量值最好是来自经认证的实验室分析得到或附件1查表得到。

氮输入和氮输出总量以单位种植面积来表示。因此，休耕地、缓冲地带、关键地区不包括在农业用地范围内。氮素利用效率（NUE）、氮输出和氮盈余也以图的形式呈现（见图1）。报告中应体现土壤氮库的变化（耕层25 cm）情况，并有与氮素利用效率（NUE）的相关性讨论部分。对于老果园果树连根拔起和新果园果树栽种这种情况下的土壤氮库变化应列入考量范围。由于果园土壤氮的空间变异，监测土壤氮库随时间的变化需要有具体的取样协议。土壤取样协议可以利用《气候公约》（UNFCCC）框架内土壤碳库变化的监测协议（IPCC，2006；Smith等，2012）。

表10　永久性种植系统氮平衡的常规输入和输出项目

氮输入项		氮输出项	
矿质肥料	I1	水果和坚果	O1
生物固氮	I3	树木和树枝（纯）	O4
大气氮沉降	I4		
堆肥和污水污泥	I5		
种子和种植材料	I6		
动物粪肥（纯）	I8		
灌溉	I9		

6　参考文献

Aarts F，Grignard A，Boonen J，de Haan M，Hennart S，Oenema J，Lorinquer E，Sylvain F，Herrmann K，Elsaesser M，Castellan E，Kohnen H（2013）A practical manual to assess and improve farm performances. DAIRYMAN project. Wageningen UR，Wageningen.

Andersen E，Elbersen B，Godeschalk F，Verhoog D（2007）Farm management indicators and farm typologies as a basis for assessments in a changing policy environment. Journal of environmental management，82，353–362.

Anglade J，Billen G，Garnier J（2015）Relationships for estimating N2 fixation in legumes：incidence for N balance of legume-based cropping systems in Europe. Ecosphere 6，1–24.

Bittman S，Dedina M，Howard CM，Oenema O，Sutton MA（Eds.）（2014）Options for Ammonia Mitigation：Guidance from the UNECE Task Force on Reactive Nitrogen，UNECE-CLRTAP-TFRN 2014 Guidance Document for reducing Ammonia Emissions. ECE/EB.AIR/2012/L.9. Centre for Ecology and Hydrology，

Edinburgh，UK.

Dalgaard T，Bienkowski JF，Bleeker A，Dragosits U，Drouet J L，Durand P，Frumau A，Hutchings NJ，Kedziora A，Magliulo V，Olesen JE，Theobald MR，Maury O，Akkal N，and Cellier P （2012）Farm nitrogen balances in six European landscapes as an indicator for nitrogen losses and basis for improved management. Biogeosciences 9，5303–5321.

EC（2008）. Regulation No 1165/2008 of the European Parliament and of the Council of 19 November 2008 concerning livestock and meat statistics and repealing Council Directives 93/23/EEC，93/24/EEC and 93/25/EEC.

Elgersma A and J Hassink（1997）Effects of white clover（Trifolium repens L.）on plant and soil nitrogen and soil organic matter in mixtures with perennial ryegrass（Lolium perenne L.）. Plant and Soil 197，177–186.

EMEP data via：https：//www.emep.int/mscw/mscw_ydata.html.

EPNB-TFRN（2012）Guidance document on National Nitrogen Budgets. ECE/EB.AIR/2012/L.8. Expert Panel on Nitrogen Budgets of the UNECE Task Force on Reactive Nitrogen. UN-ECE Executive Body for the Convention on Long-range Transboundary Air Pollution Thirty-first session，Geneva.

Eurostat（2015a）Agriculture，forestry and fishery statistics. Eurostat Statistical Books，Luxembourg，Publications Office of the European Union，2016. http：//ec.europa.eu/eurostat/en/web/products-statistical-books/-/KS-FK-15-001.

Eurostat（2015）Eurostat Handbook for Annual Crop Statistics（Regulation 543/2009 & Gentlemen’s/ESS agreements），Directorate E：Sectoral and regional statistics Unit E-1：Agriculture and fisheries，Luxembourg.

FAO（2004）Scaling Soil Nutrient Balances. Enabling Mesolevel Applications for African Realities. Food and Agriculture Organization of the United Nations，Rome，Italy.

IPCC（2006）Guidelines for national greenhouse gas inventories. Kanagawa，Japan，National Greenhouse Gas Inventories Programme.

Jones A，Montanarella L and Jones R（Eds.）（2005）Soil Atlas of Europe，European Soil Bureau Network of the European Commission，Office for Official Publications of the European Communities，Luxembourg. Hardbound，128 pp.

Metzger MJ，Bunce RGH，Jongman RHG，Mücher CA & Watkins JW（2005）A climatic stratification of the environment of Europe. Global Ecology & Biogeography 14，549–563.

Mueller ND，Gerber JS，Johnston M，Ray DK，Ramankutty N，Foley JA（2012）Closing yield gaps through nutrient and water management. Nature 490，254–257.

Öborn I，Edwards AC，Witter E，Oenema O，Ivarsson K，Withers PJA，Nilsson SI and Stinzing AR（2003）. Element balances as a tool for sustainable nutrient management：a critical appraisal of their merits and limitations within an agronomic and environmental context. European Journal of Agronomy 20，211–225.

OECD（2013）Agri-environmental indicators. OECD Compendium of Agri-environmental Indicators. www.oecd.org/tad/env/indicators

Powell JM，Gourley CJP，Rotz CA and Weaver DM（2010）Nitrogen use efficiency：A potential performance indicator and policy tool for dairy farms. Environmental Science & Policy 13，217–228.

Qin W，Assinck FBT，Heinen M and Oenema O（2016）Water and nitrogen interactions in orange production：A meta-analysis. Agriculture Ecosystem & Environment 222，103–111.

Quemada M and Gabriel JL（2016）Approaches for increasing nitrogen and water use efficiency simultaneously. Global Food Security 9，29–35.

Schröder JJ，Aarts HFM，Ten Berge HFM，Van Keulen H and Neeteson JJ（2003）An evaluation of whole farm nitrogen balances and related indices for efficient nitrogen use. European Journal of Agronomy 20（1-2），33-44.

Smith P，Davies CA，Ogle S，Zanchi G，Bellarby J，Bird N，Boddey RM，McNamara NP，Powlson D，Cowie A，van Noordwijk M，Davis SC，Richter D，Kryzanowski L，van Wijk，MT，Stuart J，Kirton A，Eggar D，Newton Cross G，Adhya TK and Braimoh AK（2012）Towards an integrated global framework to assess the impacts of land use and management change on soil carbon：current capability and future vision. Global Change Biology 18，2089-2101.

Van der Meer HG and T Baan Hofman（1989）Contribution of legumes to yield and nitrogen economy of leys on a biodynamic farm. In：P. Plancquart and R Haggar（Eds.）Legumes in farming systems. EEC，Brussels，pp 25-36.

附件1　分级方法中第1级方法查找输入项和输出项的氮含量

表1　欧洲使用的动物饲料氮含量默认值（Dalgaard等，2012）

物料	默认氮含量/（kg/Mg鲜重）
甜菜渣（干）	14.4
谷物	16.3
蛋类	18.1
牛奶饲料	56.3
化肥氮	1 000.0
鲜牛奶	5.0
新鲜草料（紫花苜蓿）	6.0
新鲜草料（青草）	6.3
新鲜草料（青草/红花苜蓿）	5.7
浓缩混合全量配给饲料	25.6
干草	16.0
高能量精饲料	52.2
低能量精饲料	25.8
中等能量精饲料	43.9
肉类（活的动物）	46.0

（续表）

物料	默认氮含量/（kg/Mg鲜重）
菜籽饼	49.3
青贮饲料（紫花苜蓿）	18
青贮饲料（甜菜渣）	3.8
青贮饲料（红花苜蓿）	9.1
青贮饲料（青草）	8.5
青贮饲料（玉米）	3.9
青贮饲料（作物）	6.0
大豆类	56.4
豆类油饼	70.2
秸秆	5.4
甜菜	2.1
湿酒糟	3.4
乳清	35
新鲜作物	5.8
毛料	3.0

表2　第1级方法中欧洲使用的动物粪肥氮含量默认值（Dalgaard等，2012）

粪肥类型	默认氮含量/（kg/mg）
牛圈厩肥	8.4
用其他材料制成的堆肥/混合肥料	2.0
养牛厂脱气泥浆	3.9

（续表）

粪肥类型	默认氮含量/（kg/mg）
养猪场/混合脱气泥浆	4.0
马圈厩肥	7.5
牛粪液体部分	5.4
混合粪液体部分	5.0
猪粪液体部分	4.0
混合厩肥	8.6
混合泥浆	5.4
其他有机肥料（例如骨粉）	2.0
猪圈厩肥	8.8
猪圈泥浆（母猪和仔猪）	4.6
猪圈泥浆（育肥猪）	5.4
污水污泥	6.0
绵羊/山羊圈厩肥	8.4
牛粪固体部分	5.6
猪粪（育肥猪）或混合粪肥固体部分	5.9
猪粪（母猪和仔猪）固体部分	8.1
固体家禽粪肥	21.0

表3　第1级方法中作物产品氮和磷含量（FAO，2004）

作物产品	N/（g/kg）	P/（g/kg）
小麦	20.8	4
大麦	17	3.3

（续表）

作物产品	N/（g/kg）	P/（g/kg）
玉米	15.3	3.1
黑麦	17.5	3.1
燕麦	18.1	3.9
小米	17.9	3.8
高粱	16.1	3.8
谷物类，其他	16.1	3.1
马铃薯	2.9	0.6
木薯	4.3	0.8
番薯	3.7	0.6
根茎类，其他	3	0.4
山药	3	0.4
甘蔗	1.3	0.4
甜菜	2.3	0.4
糖，非离心的	8.3	0.9
糖（未加工的）	8.3	0.9
甜料，其他	8.3	0.9
糖浆	8.3	0.9
大豆	42	4.9
豌豆	50.7	5.0
豆类，其他	50.7	5.0
坚果	17.9	3.0
黄豆	58.6	7.9

（续表）

作物产品	N/（g/kg）	P/（g/kg）
花生仁	41.9	3.6
瓜子仁	28.8	5.3
油菜和芥菜种子	35.2	6.1
棉花种子	26.8	5.8
椰子（包括椰子干）	5.7	1.3
芝麻籽	23.7	5.6
棕榈仁	4.9	0.7
橄榄	1.6	0.1
油料作物，其他	23.7	5.6
大豆饼	58.6	7.9
花生饼	41.9	3.6
瓜子仁饼	28.8	5.3
油菜和芥菜饼	35.2	6.1
棉花籽饼	26.8	5.8
棕榈仁饼	4.9	0.7
椰子核饼	5.7	1.3
芝麻籽饼	23.7	5.6
油料种子油饼，其他	23.7	5.6
麸皮粉	8.3	0.9
番茄	2.9	0.6
洋葱	2.9	0.6
蔬菜，其他	2.9	0.6

（续表）

作物产品	N/（g/kg）	P/（g/kg）
橙子，普通	1.8	0.2
柠檬，酸橙	1.8	0.2
西柚	1.3	0.3
柑橘属，其他	1.8	0.2
香蕉	1.7	0.3
芭蕉	1.7	0.3
苹果	1.8	0.3
菠萝	1.8	0.3
枣	17.9	3.0
葡萄	1.3	0.3
水果，其他	1.3	0.3
咖啡	35	2.6
可可豆	21.2	5.7
茶	8.3	0.9
胡椒	2.9	0.6
玉桂子	2.9	0.6
丁香	8.3	0.9
香料，其他	8.3	0.9
葡萄酒	0	0.2
啤酒	0	0.2
饮料，发酵的	0	0.2
饮料，含酒精的	0	0.2
含酒精的饮料，非食物	0	0.2

（续表）

作物产品	N/（g/kg）	P/（g/kg）
棉籽绒	26.8	5.8
黄麻	4.5	0.5
类黄麻纤维	4.5	0.5
软纤维，其他	4.5	0.5
剑麻	4.5	0.5
焦麻	1.8	0.3
硬纤维，其他	4.5	0.5
烟草	8.3	0.9
橡胶	6.6	1.1
大米（稻田）	15	2.9
大米（磨碎）	15	2.9
根块茎干重	3	0.4
糖，精炼加工的	8.3	0.9
花生（带壳）	41.9	3.6
糖，未加工的	8.3	0.9

表4　第1级方法中动物产品的氮含量（FAO，2004）

动物产品	N/（g/kg）	P/（g/kg）
牛肉	28.3	1.7
羔羊/山羊肉	21.3	1.7
猪肉	15.2	1.8
家禽肉	27	1.6

（续表）

动物产品	N/（g/kg）	P/（g/kg）
肉类，其他	23	1.7
内脏，可食用的	23	1.7
牛奶，全脂	4.7	0.9
牛奶，脱脂	4.7	0.9
黄油，提纯的	1.3	0.2
奶酪	39.9	5.1
乳清	1.2	0.8
奶油	3.3	0.6
蛋类	20.6	2.1
蜂蜜	0.5	0
肉骨粉	23	1.7
淡水鱼类	27	1.9
深水鱼类	27	1.9
浮游鱼类	27	1.9
海产鱼类，其他	27	1.9
甲壳类动物	27	1.9
头足类动物	23	1.7
软体类动物，其他	15	1.6
肉类，水生哺乳类	27	1.9
水生动物，其他	27	1.9
水产植物	27	1.9
牛奶（不包括黄油）	4.7	0.9
鱼肉粉	27	1.9

根据正式报告，表5概述了不同欧盟国家饲养的猪（鲜重）的氮含量默认值。有些国家对所有猪类使用一个值，但其他国家对不同类别使用不同的值。法国所用的参考值似乎相对较低。需要注意的是，动物的氮含量取决于它们的基因和饲养，也依脂肪和骨骼相对部位不同而变，这些变化可能因动物的生理年龄而异。这些默认值通常可追溯到许多年前，因为它们不经常更新，也不容易确定。

表5　第1级方法中不同国家猪的氮含量默认值的变化

种类	重量/kg	年龄	丹麦	法国	爱尔兰	意大利	德国	荷兰	英国
夭折猪仔	1.3	0天	–	–	–	–	25.6	18.7	–
淘汰的小猪	2.8	1～28天	–	–	–	–	25.6	23.1	–
淘汰的小猪	9	29～42天	–	–	–	–	25.6	24.3	–
断奶的小猪	7	4周	30.4	18.3	30.4	–	25.6	–	30.4
断奶的小猪	11	6周	30.4	18.3	25	–	25.6	24.4	25
淘汰的小猪	12	7周	30.4	18.3	–	–	25.6	24.5	–
生长猪	26	10周	29.6	18.5	25	24	25.6	24.8	25
商品猪	114	26周	29.6	18.5	25	24	25.6	25	25

（续表）

种类	重量/kg	年龄	丹麦	法国	爱尔兰	意大利	德国	荷兰	英国
饲养的母猪	125	7月	25.7	–	22	–	25.6	24.9	22
饲养的母猪	140	第1次交配	25.7	–	22	–	25.6	24.9	22
饲养的野猪	135	7月	25.7	–	27.4	–	25.6	24.9	27.4
野猪（繁殖）	325	2年	25.7	–	27.4	–	25.6	25	27.4
种母猪	220	断奶期	25.7	–	25.6	–	25.6	25	25.6
屠宰的母猪	220	断奶1周后	25.7	–	25.6	–	25.6	25	25.6

附件2　2012—2014年欧洲每个第二分区（NUTS-2）大气氮沉降均值①

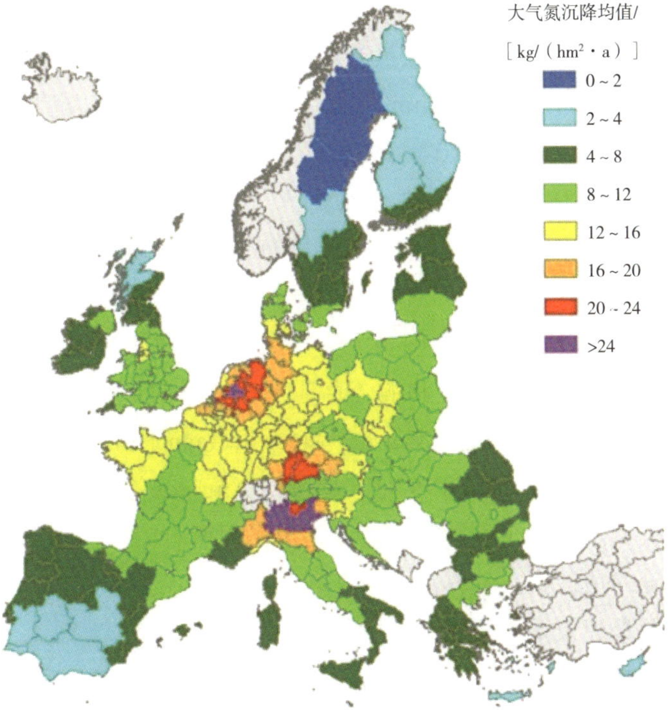

① 单位为kg/（hm^2·a）。来源：EMEP（http：//www.emep.int/mscw/mscw_ydata.html#ASCIIdata）

附件3 生物固氮的估算

通过生物固氮进入农场氮的数量主要取决于农场种植作物的类型和面积。菜豆、豌豆、黄豆、紫花和丁香都是豆科植物，能够固定空气中一定量的N_2，固定量少则每年不到50 kg/hm^2，多则能达200 kg/hm^2以上，这也取决于土壤类型、气候和管理情况。Dalgaard等（2012）在整个欧洲对不同豆科作物的固氮量对应一个通用值：豌豆、白羽扇豆、蚕豆是100 kg/（hm^2·a），紫花苜蓿和草/三叶草的混合草地［三叶草超过25%）是150 kg/（hm^2·a）］，草/三叶草的混合草地（较低量的三叶草）是20 kg/（hm^2·a）。对三叶草更精确估计来自收获的三叶草干物质量和混合草地中三叶草的平均氮含量，即每吨干物质含54 kg氮（Van der Meer 和Baan Hofman，1989；Elgersma和Hassink，1997）。近来，Anglade等（2015）对国际相关文献进行了回顾和综述，得出了对所有5种主要豆科作物更准确的估计值。

此处建议采用分级（分层）方法，即。

第1级：如果没有其他可用的（或能被用的）资料，则一般查表（见表1）得到；

第2级：BNF与输出物（收获物）之间的简单回归关系；

第3级：固氮量测定。

表1　第1级方法：生物固氮量查询

作物	生物固氮/［kg/（hm^2·a）］	
	广义的系统	精密的系统
紫花苜蓿	150	250
三叶草<25%	20	20
三叶草>25%	150	250
蚕豆	50	100
扁豆	50	100
豌豆	50	100

第2级方法来源于Anglade等（2015）。生物固氮量可以利用其与输出（收获）干物质量的线性关系来估算，或者最好是产出物的氮含量（氮输出）。因此，BNF=（a＋b×Yield/HI）×BGN，其中。

· BNF指通过生物固氮方式输入的总氮量［kg/（hm^2·a）］；

· Yield指收获（输出）干物质量［t/（hm^2·a）］，或者收获（输出）干物质含氮量［kg/（hm^2·a）］；

· HI指收获指数，定义为收获（输出）生物量与地上部总生物量之比。对于紫花苜蓿和三叶草，除非对收获指数有更精确的估计，否则设定为0.9。对于菜豆、扁豆和豌豆，除非对收获指数有更精确的估计，否则设定为0.7；

· BGN是地下固氮的修正因子，包括与根、根瘤和根际沉积物相关的氮，扁豆和豌豆的修正因子为1.3，蚕豆为1.4，豆科牧草为1.7。

因此，可得如下计算式。

生物固氮量（紫花苜蓿）=（2＋20.3 × 干物质产量/0.9）× 1.7

生物固氮量（紫花苜蓿）=（−14＋0.81 × 氮输出/0.9）× 1.7

生物固氮量（三叶草）=（14＋25.6 × 干物质产量/0.9）× 1.7

生物固氮量（三叶草）=（3＋0.78 × 氮输出/0.9）× 1.7

生物固氮量（蚕豆）=（−13＋20.5 × 干物质产量/0.7）× 1.4

生物固氮量（蚕豆）=（5＋0.73 × 氮输出/0.7）× 1.4

生物固氮量（扁豆）=（−39＋7.5 × 干物质产量/0.7）× 1.3

生物固氮量（扁豆）=（3＋0.64 × 氮输出/0.7）× 1.3

生物固氮量（豌豆）=（7＋17.6 × 干物质产量/0.7）× 1.3

生物固氮量（豌豆）=（4＋0.66 × 氮输出/0.7）× 1.3

附件4　数据清单的核查

可用于测评农场氮素利用效率（NUE）、氮输出和氮盈余的两个数据来源，包括：①初级数据，即从农场主那里收集的农场数据；②次级数据，即从会计报告和其他库存报告中收集数据。通常两者合起来用，即初级数据和次级数据的组合。使用次级数据是高效的，但应了解其准确性和有效性。本附件叙述了关于原始数据的收集，它可以作为一个检查清单。

要了解和正确解释农场的运行情况和效率，需要掌握农场的结构和环境。农场的运行、管理和战略可根据描述性数据和访谈确定。为了能够比较农场之间的信息，数据和信息需要以统一格式收集，最好使用标准化的Excel文件。所要收集的数据、使用的单位以及代码必须明确界定，避免模棱两可。将要收集的数据和信息分为5个主题（见图1）：①农场系统与策略；②气候与土壤特征；③作物管理；④牲畜管理；⑤氮平衡。这些主题中的每一个再次被细分为子主题（见图1，表2至表6）。

为建立氮平衡（见表1）需要收集的不同主题和子主题的数据和信息。

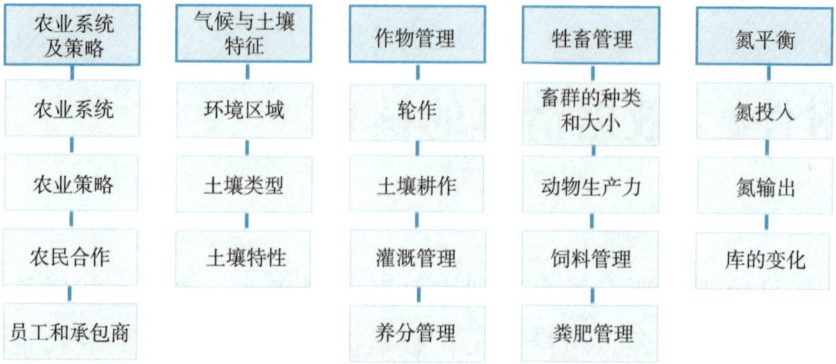

图1　要收集的农场数据和信息的类型

表1　氮输入和氮输出的特征描述

氮平衡[1]	特征描述
1. 氮输入/（kg/a）	化肥氮净输入
	粪肥氮净输入
	堆肥氮净输入
	种子/植物氮净输入
	饲料氮净输入
	底料氮净输入
	大气沉降/［kg/（hm^2·a）］（附件2）
	生物固氮（附件3）
	灌溉氮的投入
2. 氮输出/（kg/a）	收获作物净吸收量
	奶制品的净输出
	活体动物的净输出
	树及其树枝的净输出

（续表）

氮平衡[1]	特征描述
3. 氮库的变化/（kg/a）	收获作物储藏 肥料氮的储存 动物粪肥的储藏 动物饲料的储藏 动物的数量和重量 土壤中氮的质量[2]

注：1. 使用具体物品的氮含量估算农场每个物品的氮输入和氮输出以及氮库存的变化。这些物品的数量（重量）来自农场记录（购买和销售发票）。这些物品准确的氮含量可根据三级分级方法得到。具体如下：

第1级：如果无法获取其他的参考数据，那么一般查表获得；

第2级：在易获取的报告中查找本地的/国家的且经过验证的值；

第3级：本地产品氮含量分析。

在报告中，数据获取使用的第几级方法应该被记录。

2. 土壤氮库的变化是不容易得到的。这里有两种方法可以选择使用：①土壤氮的变化来自土壤氮库的重复分析，时间跨度最少5年，其中进行4次测定；②使用模拟模型计算土壤氮库变化，这些模型已被不同研究小组广泛使用至少5年，而模拟模型的结果已被科学界普遍接受，即这些结果通过同行评审，且至少在5个科学期刊上公开发表。

表2　农场类型特征

农场系统和战略	包括
专业化农场	选择下列农场类型之一，并指出主要活动产出所占的百分比：①耕地农场；②园艺农场；③永久作物；④奶牛场；⑤肉牛农场；⑥养猪场；⑦家禽农场；⑧绵羊或山羊农场；⑨混合牲畜；⑩混合农场（所有其他农场）

（续表）

农场系统和战略	包括
土地利用	主要作物轮作和作物类型/%
农场规模	标准产量值（SO） 可利用面积/hm^2
集约化	单位可利用面积的标准产出值/（欧元/hm^2）
外部化	购买的饲料，占饲料总量的百分数/%

表3　作物管理特征

作物管理特征	包括
轮作	作物轮作顺序 覆盖作物和林下种植的使用：是/否 豆类作物的使用：是/否 缓冲区的使用：是/否
土壤耕作	①传统耕作 ②少耕 ③免耕
养分管理	①土壤肥力分析的应用 ②低排放技术的使用 ③动物粪肥的使用 ④高效肥料（缓释、抑制剂）的使用 ⑤GPS控制下肥料施用和运输
病虫害防治	①使用化学防治 ②使用生物防治
灌溉与排水	①排水良好—排水中等—排水不良； ②没有灌溉； ③喷灌—漫灌—滴灌/水肥一体化

表4　动物管理特征

动物管理特征	包括
动物类别	奶牛—肉牛—猪—家禽—绵羊—山羊
动物数量	奶牛—小母牛—犊牛数量 牛肉和乳牛的数量 母猪—肥育猪的数量 肉鸡—蛋鸡的数量 绵羊—山羊的数量
饲养管理	农场种植饲料—购买饲料/% 动物饲料中的蛋白质/% 精饲料/公斤/奶牛 放牧，每年的天数
动物生产性能	每头牛每年的产奶量/（kg/a） 产犊间隔（天）—平均群龄 每只母猪产仔猪的数量 饲料转化率；猪肉/饲料/kg 饲料转化率；鸡肉/饲料/kg 饲料转化率；蛋/饲料/kg
动物健康	兽医费用，占总费用的百分比%
粪肥管理	固体肥料或泥浆? 粪肥覆盖贮存? 粪肥产出量/立方米/年

表5　气候特征

气候特征	包括
环境区域	选择适宜的环境区域

（续表）

气候特征	包括
监测期间的气候情况	年降水量 生长期降水量 夏季平均气温 播种和收割时间

表6　土壤类型特征

土壤类型特征	包括
坡度	确定农场的平均坡度： ①水平（0%～2%）； ②缓倾斜（2%～8%）； ③斜坡（8%～15%）； ④中度陡峭（15%～25%）； ⑤陡峭（>25%）
土壤深度	记录土壤平均深度： ①浅层（<40 cm）； ②中等深度（40～80 cm）； ③深（80～120 cm）； ④极深（>120 cm）
表土结构	①无矿物结构（泥炭土）； ②极细（黏土>60%）； ③细粒（黏土：35%～60%）； ④中细（黏土：15%～35%）； ⑤中砂（黏土：8%～15%）； ⑥细砂（黏土：5%～8%及<65%）； ⑦粗粒（黏土：<5%，>含砂量65%）

（续表）

土壤类型特征	包括
耕层土壤pH值	①碱性（pH>7.5）； ②中性（pH：6～7.5）； ③微酸性（pH：4.5～6）； ④酸性（pH<4.5）
矿质土壤耕层有机质含量	①高（>5%）； ②中（3%～5%）； ③适中（1%～3%）； ④低（<1%）
土壤养分状况	低—中—高

译者的话

氮素是植物必需营养元素之一，同时也是蛋白质的重要组分之一，因此氮在植物、动物和人类生命活动中至关重要。由于农业生产中的氮素较为活跃，易受自然界多种因素影响，导致其利用效率不高。因此，氮素在农业生产和科研工作中备受关注。

欧盟氮素专家组在2015年和2016年分别编写了《农业和食物系统中的氮素利用指标》［*Nitrogen Use Efficiency*（*NUE*）—*an indicator for the utilization of nitrogen in agriculture and food systems*］和《农场氮素利用效率测评指南》［*Nitrogen Use Efficiency*（*NUE*）—*Guidance Document for assessing NUE at farm level*］。前者是为整个农业和食物生产大尺度上评价和监测土壤的氮素利用效率提供了技术参考和示例说明，后者则是针对大田作物农场、蔬菜农场、养殖农场、种养一体化农场、果园等不同类型农场氮素利用效率的测评做出详细阐述，并给出了氮素利用效率报告参考格式。课题组认为将其翻译成中文用于国内农业生产中氮素养分循环利用方面的研究是有意义和必要的。因此，2018年课题组白由路老师将前者翻译成中文并出版，后者由本人负责翻译。

本书的翻译得到欧盟氮素专家组Oene.Oenema的许可，翻译出版过程中得到了中国植物营养与肥料学会、中国农业科学院农业资源与农业区划研究所的大力支持。同时课题组白由路老师和卢艳丽老师给予了大力帮助，研究生徐孟泽参加了文稿校对。

由于本人翻译水平所限，译文中或存在对原文表述不精准贴切之处，如有异议，读者可参考欧盟氮素专家组官网的原文，其网址是：www.eunep.com。请广大读者多提宝贵意见。

王　磊

2021年8月